LES SINGES À DOIGTS COMME ANIMAUX DE COMPAGNIE

Tout ce que vous devez savoir sur le comportement des singes, les soins de santé, l'élevage, la conversation, les liens, les signes de maladie et bien plus encore.

PAR

RAPH BILLS

COPYRIGHT © 2024 TOUS DROITS RÉSERVÉ

TABLE DES MATIÈRES

CHAPITRE 1 :

APERÇU DU SINGE DOIGT

CHAPITRE 2 :

COMPRENDRE LE COMPORTEMENT DES SINGES À DOIGTS

CHAPITRE 3 :

L'ENVIRONNEMENT OPTIMAL POUR LES SINGES À DOIGTS

CHAPITRE 4 :

NUTRITION ET ALIMENTATION

CHAPITRE 5 :

LIENS ET SOCIALISATION

CHAPITRE 6 :

BESOINS VÉTÉRINAIRES ET SOINS DE SANTÉ

CHAPITRE 7 :

ASPECTS MORAUX ET JURIDIQUES

CHAPITRE 8 :

AMÉLIORATION ET AJUSTEMENTS DU STYLE DE VIE

CHAPITRE 9 :

SOINS VÉTÉRINAIRES ET PRÉOCCUPATIONS DE SANTÉ COURANTES

CHAPITRE 10 :

PRÉPAREZ-VOUS ET RETOURNEZ VOTRE SINGE À DOIGTS À LA MAISON

CHAPITRE 11 :

MAÎTRISER LA TECHNIQUE DU SINGE À DOIGTS

CHAPITRE 12 :

LES PLAISIRS ET LES DIFFICULTÉS DE PROPRIÉTER UN SINGE À DOIGTS

CHAPITRE 13 :

QUESTIONS ET RÉPONSES FRÉQUEMMENT POSÉES (FAQ)

CHAPITRE 1 :

APERÇU DU SINGE DOIGT

Aperçu des singes doigts (ouistitis pygmées)

Les plus petits primates du monde, techniquement désignés sous le nom de Callithrix pygmée, sont des singes doigt, parfois appelés ouistitis pygmées. Ces animaux mignons, originaires des jungles d'Amérique du Sud, en particulier de pays comme l'Équateur, le Brésil et la Colombie, ont conquis de nombreux amoureux des animaux. Les propriétaires potentiels d'animaux de compagnie les trouvent attrayants en raison de leur petite taille, de leur caractère vif et de leur personnalité captivante.

Caractéristiques physiques

La longueur du corps d'un Finger Monkey adulte est d'environ 5 à 6 pouces, sans compter sa longue queue, qui peut ajouter 7 à 8 pouces supplémentaires. Ils pèsent normalement entre 3,5 et 5,5 onces (environ 100 à 150 grammes). Leurs grands yeux expressifs, leur visage quelque peu aplati et leur pelage soyeux, qui peut être coloré du brun au verdâtre avec des motifs blancs ou jaunes, sont quelques-uns de leurs traits physiques. Leurs caractéristiques inhabituelles, comme leurs petits doigts et leurs orteils, leur permettent de se déplacer avec une agilité étonnante à travers l'épaisse canopée de leur forêt tropicale.

Répartition et habitat

Les singes doigts vivent dans les forêts tropicales humides à l'état sauvage, généralement dans les canopées les plus élevées pour se protéger des prédateurs terrestres. Ils réussissent mieux dans les régions où il y a beaucoup d'arbres car ils leur fournissent de nombreuses sources de nourriture et des espaces pour faire des nids. Créatures sociales, les singes doigts résident souvent en petits groupes familiaux comptant jusqu'à dix membres. Ces groupes de personnes sont généralement constitués d'un couple reproducteur dominant et de leur progéniture.

Importance de reconnaître les besoins et le comportement de leur animal de compagnie

Il est important de comprendre le comportement naturel et les exigences des singes doigts avant de penser à en acheter un comme animal de compagnie. Les singes doigts sont des animaux sociables qui ont besoin de compagnie, de stimulation mentale et de soins appropriés, tout comme tous les autres primates. Leurs structures sociales distinctes et leurs modes de communication sont très différents de ceux des chats ou des chiens. Pour garantir que leur Finger Monkey s'épanouit dans un cadre domestique, les propriétaires d'animaux doivent être prêts à répondre à ces exigences sociales et émotionnelles.

Les propriétaires potentiels doivent également être conscients du temps et du travail nécessaires pour prendre soin de ces créatures.

Contrairement aux animaux de compagnie conventionnels, les singes doigts ont besoin de soins particuliers, tels qu'une alimentation adaptée, une socialisation et une stimulation environnementale. Ce chapitre, qui met l'accent sur l'importance de comprendre et d'honorer les comportements et les exigences naturels des singes doigts avant de décider d'en introduire un chez vous, servira de base au reste du livre.

L'engagement de propriété

Garder un singe doigt nécessite toute une vie de planification et de connaissances, ce qui en fait plus qu'un simple joli animal de compagnie. Étant donné que ces singes peuvent vivre de 12 à 15 ans en captivité, les propriétaires potentiels devraient réfléchir aux obligations de soins à long terme que cela implique. Cela couvre non seulement leurs besoins quotidiens, mais également le coût d'un repas sain, de soins vétérinaires et d'un logement convenable.

Les lecteurs auront une connaissance de base sur les singes doigts, leurs origines et les facteurs importants à prendre en compte lors de leur acquisition à la fin de ce chapitre. Afin de garantir que ceux qui décident d'amener un Finger Monkey dans leur maison soient correctement préparés aux difficultés et aux joies particulières du soin des animaux, l'objectif est de promouvoir un sentiment de responsabilité et de conscience.

CHAPITRE 2 :

COMPRENDRE LE COMPORTEMENT DES SINGES À DOIGTS

Communication et structure sociale

Au sein de leurs groupes familiaux, les singes doigts affichent des comportements sophistiqués, ce qui en fait des créatures très grégaires. Un couple reproducteur dominant, leurs enfants et parfois des membres de leur famille supplémentaires constituent leurs structures sociales. Étant donné que ces singes dépendent de leur famille à la fois pour leur soutien émotionnel et leur survie, cette dynamique sociale est essentielle à leur bien-être.

Les singes doigts utilisent diverses techniques de communication, notamment les expressions faciales, les mouvements corporels et les vocalisations. Ils utilisent une gamme de bruits pour envoyer divers signaux, tels que de légers sifflements utilisés pour le toilettage social ou des cris d'alarme alertant d'éventuels prédateurs. Pour favoriser une connexion saine avec leur Finger Monkey, les propriétaires d'animaux doivent être conscients de ces techniques de communication.

Comportements courants et ce qu'ils signifient

Les singes doigts sont réputés pour être des animaux vifs et curieux. La diversité de leurs actions reflète leur structure sociale et leurs exigences environnementales. Les actions fréquentes suivantes et leurs significations sont répertoriées :

1. *Préparation* : Une activité sociale essentielle dans laquelle les Finger Monkeys se livrent est le toilettage. Il atteint de nombreux objectifs, notamment le maintien des relations sociales, la préservation de la propreté et la création de hiérarchies au sein de la communauté. Un Finger Monkey faisant preuve de compassion et de confiance envers un autre est courant.

2. *Ancrage* : Les Finger Monkeys utilisent une variété de vocalisations pour se transmettre des messages. Les sifflets, les bavardages et les appels aigus en sont des exemples. Chaque vocalisation a une signification distincte, comme alerter les membres de la famille, exprimer sa satisfaction ou indiquer une alarme.

3. *Conduite intéressante :* La croissance physique et mentale des Finger Monkeys dépend du jeu. Les jeunes singes acquièrent des compétences sociales et une coordination physique via des activités telles que la poursuite, la lutte et l'escalade. Pour maintenir la santé et le bonheur de leur Finger Monkey, les propriétaires d'animaux doivent encourager le jeu.

4. *Récupération et enquête :* Les Finger Monkeys passent beaucoup de temps à chercher de la nourriture dans leur environnement d'origine. En observant leur environnement et en examinant des objets inconnus, ils démontrent leur curiosité innée. Leur bien-être dépend d'un environnement stimulant avec de nombreux jouets et portiques d'escalade.

Comprendre leur caractère ludique et leurs exigences sociales

Pour s'épanouir, les singes doigts ont besoin d'une stimulation cérébrale et sociale. Ils résident en groupes familiaux dans la nature et interagissent souvent les uns avec les autres. S'ils sont laissés seuls pendant de longues périodes, ces animaux peuvent ressentir de la solitude et de la misère. Afin de satisfaire les demandes de leur Finger Monkey, les propriétaires d'animaux doivent être prêts à consacrer du temps à jouer et à socialiser.

L'importance d'un environnement amélioré

Les singes doigts ont besoin d'une stimulation environnementale pour préserver leur bien-être physique et mental. En confinement, si leur environnement n'est pas stimulant, ils risquent de devenir stressés et de s'ennuyer. Fournir aux enfants une variété de jouets, de cadres d'escalade et d'opportunités d'exploration les aidera à rester heureux et impliqués.

De plus, fournir des mangeoires puzzle qui vont à l'encontre de leurs impulsions naturelles de recherche de nourriture pourrait stimuler leur esprit et réduire le risque de problèmes de comportement. Il est conseillé aux propriétaires d'animaux d'inclure un assortiment d'activités d'enrichissement dans le régime quotidien de leur Finger Monkey.

Identifier les signes de stress et de détresse

Il est essentiel que les propriétaires d'animaux reconnaissent les indicateurs avertisseurs de stress chez les singes à doigts. Le stress s'accompagne souvent d'un comportement agressif, d'un manque d'appétit, de vocalisations excessives et d'un désengagement social. La détection précoce de ces indicateurs peut aider les propriétaires à résoudre tout problème et à créer une atmosphère plus encourageante.

En conclusion, la possession efficace d'un animal de compagnie nécessite une connaissance du comportement du singe. Les propriétaires potentiels peuvent offrir un environnement aimant et passionnant qui renforce le lien entre eux et leur Finger Monkey en étant conscients de leurs structures sociales, de leurs styles de communication et de leurs exigences environnementales. En plus de jeter les bases d'une appropriation appropriée, ce chapitre souligne la valeur de l'empathie et de la compréhension pour s'occuper de ces primates spéciaux et attachants.

CHAPITRE 3 :

L'ENVIRONNEMENT OPTIMAL POUR LES SINGES À DOIGTS

Créer un espace de vie adapté

Le bonheur et le bien-être de votre Finger Monkey dépendent de votre capacité à lui offrir un foyer approprié. Ils doivent être gardés aussi près que possible de ces circonstances dans un cadre familial, étant donné leur tendance à résider dans les arbres et à traverser la canopée supérieure des forêts tropicales. Lorsque vous créez la maison parfaite pour votre Finger

Monkey, gardez ces facteurs importants à l'esprit.

Taille et structure du boîtier

Un grand enclos est essentiel au bien-être d'un Finger Monkey. Malgré leur petite taille, ce sont des créatures énergiques qui ont besoin de beaucoup d'espace pour courir, grimper et jouer. La taille minimale de l'enceinte doit être d'au moins 6 pieds de haut, 4 pieds de large et 2 pieds de profondeur, mais un plus grand est toujours idéal. Pour reproduire leur habitat naturel et promouvoir l'activité physique, une cage à plusieurs niveaux avec des plates-formes, des rampes et d'autres dispositifs d'escalade peut être installée.

Choisir les matériaux

Utilisez des matériaux sûrs et non toxiques lors de la construction ou de l'achat d'un enclos. Pour les boîtiers grillagés, l'acier inoxydable est souvent le matériau de choix en raison de sa solidité et de sa résistance à la corrosion. Étant donné que les singes doigts aiment grignoter des objets, évitez le bois non traité et tout ce qui pourrait se briser ou se briser. Assurez-vous que les barres sont juste assez espacées (environ ½ pouce) pour éviter que votre Finger Monkey ne tombe ou ne se coince.

Améliorer l'environnement

La santé mentale et émotionnelle des Finger Monkeys dépend de la richesse de l'environnement. Ajoutez différents éléments à leur environnement pour les stimuler et favoriser l'exploration. Cela peut consister à :

1. Structures et branches grimpantes : Pour favoriser l'escalade, prévoyez des branches stables et des plateformes à différentes hauteurs. Leur capacité à traverser leur environnement peut être encore améliorée par l'ajout de cordes pour hamacs.

2. Zones confidentielles : Construisez des cachettes confortables hors de la végétation, des tunnels ou des nichoirs. Cela donne aux Finger Monkeys un sentiment de sécurité et un endroit où se cacher lorsqu'ils ont besoin de passer du temps seuls.

3. Composants interactifs et jouets : Parce qu'ils sont des animaux intelligents, les singes doigts ont besoin d'une stimulation mentale. Offrez-leur une gamme de jouets manipulables et exploratoires, notamment des jouets suspendus, des jouets à mâcher et des mangeoires puzzle.

Contrôle de l'humidité et de la température

Comme dans leurs forêts tropicales natales, les singes doigt s'épanouissent dans les climats chauds et humides. Il est recommandé de maintenir leur cage à une température comprise entre 75°F et 85°F, soit 24°C et 29°C. Utilisez des coussins chauffants ou des lumières pour contrôler la température, à condition qu'ils disposent d'un endroit chaud pour se détendre. Pensez également à maintenir un taux d'humidité approprié, idéalement entre 50 et 70 %, en utilisant un humidificateur.

Attention à l'éclairage

Pour la santé de votre Finger Monkey, un éclairage approprié est crucial. L'ensoleillement naturel est préférable, mais si cela n'est pas possible, utilisez un éclairage UVB à spectre complet pour vous rapprocher de la lumière naturelle du soleil. Ceci est particulièrement crucial pour la production de vitamine D, qui contribue à l'absorption du calcium et à la santé générale. Assurez-vous de donner un cycle de 12 heures de lumière et 12 heures d'obscurité pour préserver leurs rythmes circadiens naturels.

Sécurité et sûreté

Donner la priorité à la sécurité est crucial lors de l'établissement d'un foyer pour votre Finger

Monkey. Assurez-vous que rien dans l'enclos n'est dangereux pour qu'ils puissent jouer ou ronger. Évitez le plastique, le verre et tout autre objet potentiellement dangereux d'étouffement. Pour éviter toute évasion involontaire, assurez-vous que la cage est sûre et recherchez les voies d'évacuation possibles.

Temps passé et interaction à l'extérieur

Les Finger Monkeys ont besoin d'une maison à l'intérieur, mais ils bénéficient également du temps passé à l'extérieur dans un environnement sécurisé et supervisé. Assurez-vous que votre singe dispose d'un espace sûr à l'extérieur où il peut explorer et interagir avec l'herbe, les branches et l'air frais. Pour protéger leur sécurité et éviter les accidents, gardez toujours un œil sur les activités extérieures.

Résultats

Créer l'environnement parfait pour votre singe nécessite un équilibre entre confort, enrichissement et sécurité. Vous pouvez créer un environnement bienveillant qui favorise le bien-être physique et émotionnel de votre animal en tenant compte soigneusement de la taille de l'enclos, des matériaux, de l'enrichissement de l'environnement et de la gestion de la température. En plus d'être nécessaire à son plaisir, un habitat bien conçu renforce le lien qui existe entre vous et votre Finger Monkey.

CHAPITRE 4 :

NUTRITION ET ALIMENTATION

Résumé de la nutrition optimale pour les singes doigts

Pour les singes doigt, la nutrition est essentielle à leur santé et à leur bien-être en général. Dans la nature, leur nourriture principale est constituée de fruits, d'insectes et d'exsudats végétaux, comme la sève des arbres et la gomme. Maintenir une santé maximale et éliminer les déficits nutritionnels en captivité nécessite d'imiter fidèlement ce régime naturel.

Éléments nutritionnels importants

Un régime alimentaire approprié pour les Finger Monkeys doit comprendre de nombreux éléments cruciaux :

1. *Fruits* : La principale source de nutrition des singes doigt est les fruits frais. Ils fournissent des minéraux, des vitamines et des liquides vitaux. Les bananes, les pommes, les raisins, les oranges et les baies sont des exemples de choix de fruits sûrs. Bien laver les fruits est nécessaire pour les éliminer des toxines et des pesticides. Les fruits peuvent contenir beaucoup de sucre, alors servez-les avec modération.

2. *Légumes* : Les légumes sont un élément essentiel de l'alimentation d'un Finger Monkey.

Les légumes-feuilles sont excellents, en particulier les légumes verts du chou frisé, des épinards et du pissenlit. Vous pouvez également servir d'autres légumes comme de la courge, des poivrons et des carottes. Assurez-vous que les légumes sont frais et sans produits chimiques.

3. Insectes : Les singes doigts mangent des insectes dans le cadre de leur alimentation naturelle, ce qui leur apporte des protéines importantes et d'autres éléments essentiels. Comme friandises occasionnelles, vous pouvez lui fournir des vers de farine, de minuscules vers à soie ou des grillons. Pour garantir que les insectes peuvent être consommés sans danger, assurez-vous de les acheter auprès de vendeurs fiables.

4. Graines et noix : Les noix et les graines sont une bonne source de bons gras lorsqu'elles sont consommées avec modération. Mais faites attention à la taille des portions : elles peuvent contenir beaucoup de calories. Les amandes, les noix, les graines de tournesol et les graines de citrouille sont des choix sûrs.

5. Régimes professionnels : De plus, il existe des régimes alimentaires accessibles dans le commerce, spécialement conçus pour les primates, comme ceux destinés aux singes doigt. Ces régimes peuvent servir de base à la consommation de fruits et légumes frais et sont adaptés pour satisfaire leurs besoins nutritionnels. Sélectionnez à tout moment des produits haut de gamme et demandez conseil à un vétérinaire.

Horaires des repas

La mise en place d'un plan d'alimentation cohérent est essentielle au bien-être de votre Finger Monkey. Chaque jour, lorsqu'ils sont les plus actifs, fournissez-leur une nouvelle nourriture. Afin de garder la zone bien rangée et d'éviter que les aliments ne se gâtent, retirez immédiatement tout aliment non consommé. Un régime alimentaire normal peut comprendre :

Fruits et légumes frais le matin ; insectes ou sources de protéines l'après-midi ; un régime commercial ou plus de fruits et légumes le soir

Tensioactif

La disponibilité d'eau propre et fraîche est essentielle pour les singes doigts. Assurez-vous que les enfants ont accès à tout moment à de l'eau propre et fraîche dans un récipient approprié. Chaque jour, changez l'eau pour éviter la pollution. Donnez à votre Finger Monkey des fruits aqueux, comme la pastèque, pour l'aider à s'hydrater s'il semble moins actif ou s'il ne boit pas assez.

Erreurs alimentaires courantes à éviter

Les propriétaires d'animaux de compagnie doivent être conscients de plusieurs erreurs alimentaires qui pourraient nuire à la santé de leurs singes. Les pièges typiques sont les suivants :

1. Suralimentation en fruits : Les fruits sont bons pour la santé, mais ils peuvent aussi contenir beaucoup de sucre. Trop de fruits peuvent entraîner des problèmes dentaires et l'obésité. Incluez des légumes et des sources de protéines dans une alimentation équilibrée.

2. *Ignorer les sources de protéines* : Pour leur entretien et leur développement, les singes doigts ont besoin de protéines. Assurez-vous que leur nourriture comprend systématiquement des insectes ou d'autres formes de protéines.

3. *Fournir des aliments toxiques* : Il est conseillé d'éviter certains aliments car ils sont dangereux pour les singes. Ceux-ci contiennent de l'oignon, de l'avocat, du chocolat et de la caféine. Étudiez toujours tout nouvel aliment avant de l'ajouter à son alimentation.

4. *Variété insuffisante* : Pour garantir que vous obtenez tous les nutriments dont vous avez besoin, vous devez avoir une alimentation diversifiée. Une façon d'éviter les déficits nutritionnels consiste à alterner diverses sources de fruits, de légumes et de protéines.

Parler avec un vétérinaire

Un vétérinaire spécialisé dans les soins aux animaux exotiques doit voir votre singe doigt régulièrement pour s'assurer qu'il reçoit une alimentation équilibrée. Des suggestions alimentaires personnalisées pourront vous être données par votre vétérinaire en fonction des besoins particuliers et de l'état de santé de votre singe. Ils peuvent également aider à détecter d'éventuels problèmes de santé ou déficits nutritionnels.

Résultats

Il est essentiel pour la santé et la durée de vie de votre Finger Monkey de lui offrir une alimentation équilibrée. Vous pouvez développer une alimentation équilibrée qui favorise leur bien-être physique et mental en vous renseignant sur leurs besoins alimentaires et en incluant une gamme d'aliments frais. Votre Finger Monkey vivra dans un environnement heureux et sain si vous évitez les erreurs alimentaires fréquentes et consultez un vétérinaire.

CHAPITRE 5 :

LIENS ET SOCIALISATION

Connaître les singes à doigts : leur nature

Les ouistitis pygmées, également appelés singes doigts, sont des animaux grégaires qui aiment interagir à la fois avec leurs gardiens humains et avec d'autres membres de leur propre espèce. Vivant en groupes familiaux dans la nature, ils dépendent les uns des autres pour jouer, se toiletter et se tenir compagnie. Quiconque envisage d'adopter un singe doigt comme animal de compagnie doit comprendre sa nature sociale, car cela constitue la base d'une socialisation et d'un attachement réussis.

L'importance de l'inclusion

Le processus par lequel les animaux apprennent à interagir avec leur environnement, y compris les humains et les autres animaux, est connu sous le nom de socialisation. Pour les Finger Monkeys, une sociabilité efficace est cruciale pour diverses raisons :

1. *Diminution de la tension et de la nervosité :* Les singes bien socialisés sont souvent moins stressés et anxieux dans leur environnement. Ceci est particulièrement crucial en captivité puisque les changements d'habitudes ou d'environnement peuvent être pénibles. Un singe bien socialisé est moins sujet à des problèmes de comportement et s'adapte mieux.

2. *Caractéristiques améliorées* : En général, les singes socialisés sont plus amicaux, plus sûrs d'eux et plus intéressés. Leur santé mentale générale est améliorée par leur propension aux interactions animées et à l'exploration de l'environnement.

3. *Augmentation des liens humains* : La qualité de vie d'un Finger Monkey est améliorée lorsque le propriétaire et l'animal établissent une relation étroite. Un singe sociable est plus susceptible de rechercher activement l'engagement humain, ce qui favorise un lien émotionnel plus fort.

Tâche d'introduction : Familiariser les singes à doigts

Il est préférable de commencer le processus de socialisation dès les premiers mois de la vie. Les Finger Monkeys sont particulièrement ouverts aux nouvelles expériences et à l'apprentissage à cette étape cruciale. Voici les méthodes essentielles pour réussir l'acclimatation d'un Finger Monkey :

1. Communication humaine commune : Chaque jour, engagez une conversation avec votre Finger Monkey. Cela peut inclure de traiter quelqu'un avec douceur, de parler doucement et de lui offrir des récompenses. Des interactions cohérentes et bonnes peuvent aider votre singe à vous connecter avec confort et sécurité.

2. Introduire progressivement de nouvelles expériences : Exposez progressivement votre

Finger Monkey à différents environnements, bruits et objets. Commencez par des scénarios peu stressants et laissez le singe tirer ses propres conclusions. Par exemple, exposez-le progressivement aux différents bruits de la maison, comme la télévision ou l'aspirateur, et assurez-vous qu'il se sente à l'aise.

3. *Laissez-les interagir avec d'autres animaux* : Présentez progressivement et sous surveillance vos autres animaux de compagnie à votre singe doigt. Gardez toujours un œil sur les interactions pour vous assurer que tous les animaux participants sont en sécurité. Des interactions positives avec d'autres animaux peuvent contribuer à la socialisation de votre singe.

4. *Activités intéressantes et ludiques* : Jouez avec votre Finger Monkey en utilisant des jeux interactifs, des jouets et des cadres d'escalade. S'engager dans des activités exigeantes mentalement et physiquement peut renforcer les relations et améliorer les capacités sociales.

Établir l'amour et la confiance

Construire une relation solide avec votre Finger Monkey nécessite d'instaurer la confiance. Les stratégies suivantes peuvent être utilisées pour favoriser l'amour et la confiance :

1. *Respectez leur espace :* Donnez à votre Finger Monkey la permission de venir à vous à sa propre vitesse. N'insistez pas sur les conversations, car cela pourrait rendre les gens anxieux et effrayés. Établissez un espace tranquille où le singe peut librement explorer et interagir.

2. *Utilisez le renforcement positif :* Pour encourager les actions souhaitables, utilisez des éloges et des incitations. Récompensez votre Finger Monkey, par exemple, s'il vient vers vous ou joue avec vous. Le renforcement positif crée la confiance et motive votre singe à rechercher votre compagnie.

3. *Manipulation douce :* Effectuez des mouvements légers et fluides lorsque vous prenez ou manipulez votre Finger Monkey. Son corps a besoin d'un soutien correct, alors ne bougez pas brusquement car cela pourrait le surprendre. Créer un sentiment de sécurité tout au long de la manipulation est le but recherché.

4. *Horaire et régularité :* Établissez un horaire d'alimentation, de jeu et de socialisation pour chaque jour. La cohérence permet à votre Finger Monkey de se sentir en sécurité et établit un attachement plus fort au fil du temps.

Identifier les signes de stress ou de déconvenue

Reconnaître votre doigt Le confort et le bien-être d'un singe peuvent être grandement améliorés par l'observation de son comportement et de son langage corporel. Les symptômes d'anxiété ou d'inconfort peuvent être :

- ***Modèles de parole :*** Lorsque les singes doigts sont agités ou nerveux, ils peuvent faire du bruit. Gardez un œil sur les variations de leurs bruits normaux ; des vocalisations fortes peuvent être un signe d'inconfort.

- **Motivation:** Un Finger Monkey peut se sentir mal à l'aise ou effrayé s'il présente une posture corporelle rigide, une pilosité accrue ou un toilettage excessif. En identifiant ces indicateurs, vous pouvez rapidement répondre à leurs besoins.

- **Action préventive :** Votre Finger Monkey peut être stressé s'il fuit souvent les gens ou se cache. Donnez-lui l'espace dont il a besoin et un cadre paisible pour qu'il puisse se détendre.

Créer un environnement social équilibré

Aussi important qu'il soit de socialiser avec les gens, vous devez également prendre en compte la dynamique sociale de votre Finger Monkey. Vous pouvez décider de former un petit groupe ou un seul Finger Monkey, selon votre style de vie. Voici les éléments à prendre en compte :

1. Un contre plusieurs singes : Un seul Finger Monkey peut se connecter profondément avec son gardien humain. Pour répondre à leurs besoins sociaux, pensez cependant à adopter un couple ou un petit groupe si vous en avez les moyens et la place. En jouant et en faisant leur toilette ensemble, de nombreux singes peuvent atténuer leur solitude.

2. Conversations guidées : Si vous décidez de garder plus d'un Finger Monkey, gardez un œil sur la façon dont ils interagissent pour vous assurer qu'ils s'entendent bien. Des combats non surveillés peuvent survenir en raison de la domination ou de l'agression de certains singes.

3. Présentation des nouveaux singes : Introduisez progressivement un autre Finger Monkey dans votre maison si vous en introduisez un dans votre famille. Avant d'encourager le contact direct, commencez par leur permettre de se familiariser avec les parfums de chacun via des enceintes séparées.

Résultats

Un élément essentiel pour prendre soin d'un Finger Monkey est la socialisation et la création de liens. L'établissement d'une connexion solide et digne de confiance avec votre animal peut être facilité en étant conscient de sa nature sociale et en mettant en pratique de bonnes techniques de socialisation. Le plaisir de posséder un animal de compagnie est renforcé par un Finger Monkey bien socialisé, qui est non seulement plus heureux mais aussi plus adaptatif et réceptif. Vous pouvez créer une atmosphère bienveillante dans laquelle votre Finger Monkey s'épanouit en consacrant du temps et de l'énergie aux pratiques de socialisation.

CHAPITRE 6 :

BESOINS VÉTÉRINAIRES ET SOINS DE SANTÉ

Comprendre les besoins médicaux des singes doigts

Pour garantir une vie heureuse et saine, les singes doigts doivent recevoir des soins médicaux et vétérinaires de routine, comme tout autre animal de compagnie. Leurs exigences de santé uniques sont différentes de celles des animaux de compagnie ordinaires puisqu'il s'agit d'animaux exotiques. Pour une propriété responsable, il est essentiel de comprendre ces prérequis.

Traitement vétérinaire normal

Prendre rendez-vous avec un vétérinaire spécialisé dans les animaux exotiques, notamment les primates, est la première étape pour vous assurer que votre Finger Monkey est en bonne santé. Les éléments clés d'un traitement vétérinaire régulier sont les suivants :

1. Inspections cohérentes : Prenez rendez-vous avec un vétérinaire d'animaux exotiques pour des examens annuels. Habituellement, un examen physique complet, un examen dentaire et des évaluations de santé générale font partie de ces rendez-vous. Des examens fréquents aident à identifier tout problème de santé avant qu'il ne s'aggrave.

2. Vaccinations : Bien que les singes doigt n'aient pas besoin de recevoir les mêmes vaccins que les chiens ou les chats, votre vétérinaire pourrait suggérer certaines injections ou traitements basés sur les lois régionales et la possibilité d'exposition à certaines maladies.

3. Contrôle des parasites : Les puces, les tiques et les vers intestinaux font partie des parasites susceptibles d'infecter les singes doigt. Votre vétérinaire pourra vous proposer des traitements adaptés et des mesures préventives pour protéger votre singe des parasites.

4. Hygiène dentaire : Bien que la santé dentaire soit souvent négligée, elle est vitale pour les singes doigts. Les maladies parodontales peuvent être évitées en faisant examiner régulièrement les dents et éventuellement en effectuant un nettoyage dentaire. En nettoyant naturellement leurs dents, les jouets à mâcher peuvent aider à préserver la santé dentaire.

Symptômes de la maladie

Il est essentiel que vous reconnaissiez les indicateurs d'avertissement indiquant que votre Finger Monkey pourrait être malade en tant que propriétaire responsable. Les résultats du traitement peuvent être considérablement affectés par une identification précoce. Les symptômes typiques de la maladie comprennent :

Variations de goût : Des changements brusques d'appétit peuvent être le signe de problèmes médicaux sous-jacents. Si vous observez des changements dans les habitudes alimentaires de votre Finger Monkey, surveillez-les attentivement et contactez votre vétérinaire.

- *Apathie :* Un Finger Monkey étrangement lent ou moins actif peut indiquer un problème de santé ou une douleur. Gardez un œil sur ses niveaux d'activité et son comportement, et si des changements persistent, parlez-en à votre vétérinaire.

- *Problèmes respiratoires :* Des symptômes graves comme de la toux, une respiration sifflante ou des difficultés respiratoires nécessitent des soins vétérinaires rapides. Chez les primates, des problèmes respiratoires peuvent survenir rapidement, nécessitant un diagnostic précoce et un traitement thérapeutique.

Problèmes avec le système gastro-intestinal : Des vomissements ou de la diarrhée peuvent être des signes d'inconfort digestif. Pour obtenir des conseils et un éventuel traitement, contactez votre vétérinaire si ces symptômes apparaissent.

Alimentation et prévention santé

La santé de votre Finger Monkey dépend d'une alimentation équilibrée, ce qui peut également contribuer à éviter un certain nombre de problèmes de santé. En plus de respecter les recommandations nutritionnelles du chapitre 4, prenez en compte les précautions suivantes :

1. Contrôle du poids : L'obésité est une préoccupation fréquente chez les primates captifs, en particulier chez les Finger Monkeys. Pour maintenir votre singe à un poids santé, surveillez son poids et effectuez les ajustements alimentaires nécessaires. La prévention de l'obésité nécessite également une activité physique régulière.

2. Exercice quotidien Favorisez l'activité physique en créant une atmosphère stimulante avec des aires de jeux, des jouets et des aires de jeux. Les singes doigts actifs présentent des taux inférieurs d'obésité et de problèmes de santé liés à l'inactivité.

3. Hydratation : Assurez-vous que votre singe doigt a toujours accès à de l'eau propre et fraîche. Une bonne hydratation est vitale pour la santé globale.

Préparation aux urgences

Avoir un animal de compagnie nécessite d'être prêt à tout imprévu, en particulier lorsqu'il s'agit d'espèces exotiques comme les singes doigts. Pensez à faire ces actions :

1. Trouvez un vétérinaire qui traite les animaux exotiques. Trouvez un vétérinaire local spécialisé dans les animaux exotiques qui a de l'expérience avec les singes doigt en faisant quelques recherches. Gardez leur numéro à portée de main en cas d'urgence.

2. *Assemblez un kit de fournitures d'urgence :* Préparez un sac d'urgence comprenant les informations médicales de votre Finger Monkey, les fournitures de premiers soins et tous les médicaments sur ordonnance dont il pourrait avoir besoin. Familiarisez-vous avec les principes fondamentaux des premiers secours pour les primates.

3. Trouver des hôpitaux vétérinaires voisins : Identifiez les hôpitaux vétérinaires de la région qui sont prêts à faire face à des situations impliquant des animaux exotiques. Certains hôpitaux peuvent ne pas disposer des ressources ou de l'expertise nécessaires pour traiter les doigts de singe.

4. Élaborer une stratégie d'évacuation : En cas de catastrophe naturelle ou d'urgence, ayez une stratégie pour évacuer votre Finger Monkey. Assurez-vous que de la nourriture, de l'eau et leur trousse d'urgence sont disponibles avant de vous entraîner à les mettre dans un transporteur sûr.

Bien-être et valorisation

Pour les Finger Monkeys, la santé physique est vitale, mais le bien-être mental l'est tout autant. Le stress et les problèmes de comportement peuvent résulter de l'ennui et d'un manque de stimulation. Pensez aux tactiques suivantes pour soutenir la santé mentale :

1. Amélioration de l'environnement : Créez un espace attrayant à explorer, comprenant des jouets, des cadres d'escalade et des objets sécurisés. Pour garder les enfants intéressés, alternez souvent les jouets.

2. Interactions sociales : Jouez et participez régulièrement à des activités de création de liens avec votre Finger Monkey. Pour favoriser la sociabilité, pensez à organiser des rendez-vous de jeu avec d'autres Finger Monkeys.

3. *Lieux de formation* : Participer à des séances de formation peut améliorer votre relation et stimuler votre esprit. Pour enseigner des instructions ou des astuces simples, utilisez des approches de renforcement positif.

4. *Recherche et ajustement* : Gardez un œil attentif sur les actions et les préférences de votre Finger Monkey. Pour garder les enfants intéressés et satisfaits, modifiez le décor et les activités selon leurs préférences.

Résultats

Les soins vétérinaires et les exigences sanitaires sont essentiels à une bonne gestion des Finger Monkeys. Vous pouvez vous assurer que votre Finger Monkey reste en bonne santé et heureux en faisant des examens vétérinaires réguliers une priorité, en identifiant les symptômes de la maladie et en lui offrant une alimentation équilibrée et un habitat stimulant. En jouant un rôle actif dans les soins de santé de votre animal, vous pouvez garantir que votre Finger Monkey aura une vie longue et heureuse sous vos soins.

CHAPITRE 7 :

ASPECTS MORAUX ET JURIDIQUES

Comprendre le statut juridique des Finger Monkeys

Les ramifications éthiques et juridiques de la possession d'un animal exotique, comme un singe doigt, doivent être comprises avant d'en introduire un dans votre maison. Les ouistitis pygmées, également appelés singes doigts, sont considérés comme des animaux exotiques et, selon l'endroit où vous vivez, peuvent être soumis à des lois différentes concernant leur possession. Il est essentiel que vous compreniez ces lois pour vous assurer de respecter les lois municipales, étatiques et fédérales.

Règlements et lois

1. Lois locales et étatiques : divers États et villes ont des lois très diverses régissant la possession de singes à doigts. Dans certains endroits, il peut être tout à fait légal de posséder un Finger Monkey, mais dans d'autres, des autorisations ou des licences sont nécessaires. Certains systèmes juridiques peuvent même interdire purement et simplement la possession de certains animaux exotiques. Assurez-vous de bien étudier les réglementations locales avant d'acheter un Finger Monkey. Pour plus d'informations sur des règles particulières, contactez votre service local de contrôle des animaux ou votre agence de la faune.

2. *Directives gouvernementales :* La propriété de certains primates, tels que les singes doigt, peut être régie par des restrictions fédérales aux États-Unis en vertu de l'Endangered Species Act (ESA) et de l'Animal Welfare Act (AWA). Les singes doigts ne sont pas en danger d'extinction, mais ils sont toujours classés comme animaux sauvages et il peut être illégal de les attraper, de les vendre ou de les transporter. Si vous souhaitez acheter un Finger Monkey auprès d'un éleveur ou d'un vendeur, assurez-vous qu'il respecte toutes les réglementations fédérales applicables.

3. *Règlements CITES :* Le commerce international des espèces vulnérables et menacées est régi par la Convention sur le commerce international des espèces de faune et de flore sauvages menacées d'extinction (CITES). Bien qu'elle ne soit pas classée comme espèce en voie de disparition, la CITES peut avoir un effet sur le commerce de plusieurs espèces de primates, notamment les singes doigt. Si vous envisagez d'acheter un Finger Monkey à l'étranger, assurez-vous de respecter les exigences de la CITES en faisant vos devoirs.

4. L'ordonnance de zonage : Les règles de zonage locales peuvent limiter ou interdire la possession d'animaux exotiques, même si les lois des États autorisent la possession de singes à doigts. Il est important de vérifier auprès de votre bureau de zonage local pour savoir si vous pouvez légalement garder un Finger Monkey chez vous, car ces règles diffèrent parfois selon la région ou la ville.

Problèmes éthiques concernant la propriété de Finger Monkey

Les propriétaires potentiels de singes doigts doivent réfléchir aux ramifications morales de la possession de ces créatures comme animaux de compagnie en plus des ramifications légales. Comprendre les exigences de l'animal, garantir son bien-être et encourager un comportement consciencieux sont autant d'éléments d'une prise en charge éthique des animaux de compagnie.

1. Bien-être et niveau de vie : Réfléchissez si vous pouvez offrir à un Finger Monkey un foyer qui répond à ses exigences sociales, mentales et physiques avant d'en obtenir un. Compte tenu de leur haut niveau d'intelligence sociale, ces créatures ont besoin de soins, de stimulation et de connexions adéquates pour s'épanouir. Assurez-vous de disposer du temps, des outils et de l'expertise nécessaires pour répondre à ces demandes.

2. *Capture sauvage ou élevage en captivité :* Il est essentiel d'acheter des Finger Monkeys auprès d'éleveurs fiables qui se livrent à un élevage en captivité éthique. L'achat de singes capturés dans la nature peut endommager les écosystèmes voisins et entraîner une diminution de la population. Renseignez-vous toujours sur les origines de l'animal et identifiez les éleveurs qui adhèrent aux procédures d'élevage éthiques.

3. *Engagement à long terme :* Étant donné que les singes doigts ne vivent que 12 à 15 ans, en posséder un nécessite un dévouement à long terme. Réfléchissez bien à votre capacité à offrir des soins à vie avant d'en introduire un dans votre foyer, en tenant compte des changements probables dans vos conditions de vie, votre situation financière et la dynamique familiale.

4. Risque de problèmes de comportement : Les Finger Monkeys ont besoin de beaucoup d'engagement et de sociabilité. Si leurs demandes ne sont pas satisfaites, ils pourraient présenter des comportements agressifs, anxieux ou destructeurs. Il est de votre devoir en tant que propriétaire de vous occuper de ces problèmes et de créer une atmosphère propice à leur bien-être.

Choisir un éleveur digne de confiance

Choisir un fournisseur fiable pour votre Finger Monkey est essentiel pour garantir la possession morale. Les conseils suivants peuvent vous aider à trouver un éleveur fiable :

1. Études en élevage : Recherchez des éleveurs réputés qui possèdent une expertise en matière de soins Finger Monkey. Consultez des groupes spécialisés dans la possession d'animaux exotiques ou d'autres propriétaires de singes doigts pour obtenir des conseils.

2. Jetez un œil à l'installation de l'éleveur : Un éleveur respectable se fera un plaisir de vous faire visiter son établissement. Assurez-vous que les animaux disposent de suffisamment d'espace, qu'ils restent propres et qu'ils bénéficient de contacts sociaux en surveillant leurs conditions de vie.

3. Posez des questions : Renseignez-vous sur les méthodes de socialisation de l'éleveur, le bien-être animal et les procédures d'élevage. Un éleveur consciencieux fournira des références et sera ouvert et honnête sur ses méthodes.

4. Certificats de santé : Assurez-vous que le Finger Monkey que vous achetez n'a eu aucun problème de santé après avoir été examiné par un vétérinaire. Demandez des documents prouvant l'état de santé de l'animal.

Activisme et communauté

Si vous souhaitez acquérir un Finger Monkey, vous devriez penser à participer à la communauté et à apporter votre soutien aux campagnes prônant la bonne possession d'animaux exotiques. En vous impliquant, vous pouvez encourager des pratiques de propriété appropriées et sensibiliser le public au traitement moral des animaux exotiques. Voici quelques méthodes d'interaction :

1. Rejoignez des organisations pour animaux exotiques : De nombreux groupes mettent l'accent sur la défense, l'éducation et la possession éthique d'animaux exotiques. En rejoignant ces groupes, vous pourrez rencontrer d'autres passionnés et obtenir du matériel utile pour l'entretien et l'administration.

2. Participez à des ateliers pédagogiques : Recherchez des conférences, des ateliers ou des séminaires sur la possession et le soin d'animaux exotiques. Vous pouvez en apprendre davantage sur les Finger Monkeys et d'autres créatures exotiques en assistant à ces événements.

3. *Soutenir les efforts de conservation :* Impliquez-vous dans des groupes régionaux ou des projets de conservation de la faune qui donnent la priorité au bien-être des primates. En contribuant à ces initiatives, nous pouvons garantir la survie d'animaux comme les singes doigt dans leur environnement d'origine et sauvegarder les populations sauvages.

Résultats

Les questions juridiques et éthiques sont cruciales lorsqu'il s'agit de posséder un Finger Monkey. La propriété responsable est assurée en étant conscient des réglementations régissant leur propriété et en considérant les ramifications morales de la possession d'un animal exotique. Vous pouvez offrir à votre Finger Monkey un environnement bienveillant et stimulant tout en contribuant au débat plus large sur la possession éthique d'un animal de compagnie en respectant la loi, en accordant la priorité au bien-être de l'animal et en étant un membre actif de la communauté.

CHAPITRE 8 :

AMÉLIORATION ET AJUSTEMENTS DU STYLE DE VIE

Comprendre le besoin d'amélioration

Les ouistitis pygmées, parfois appelés singes doigts, sont des primates très intelligents et énergiques. Ils explorent les arbres, chassent et interagissent avec des groupes familiaux tout au long de la journée dans leur environnement d'origine. Reproduire au plus près leur habitat naturel via différents types d'enrichissement est crucial tout en les gardant comme animaux de compagnie. Le terme « enrichissement » décrit les méthodes et exercices utilisés pour améliorer la santé physique et mentale des animaux captifs. Sans enrichissement adéquat, les Finger Monkeys pourraient s'ennuyer, être anxieux et souffrir de troubles du comportement.

Types d'enrichissement des singes à doigts

1. Apprentissage ambiant : - Cadres d'escalade : L'escalade est un excellent moyen pour les Finger Monkeys d'explorer leur habitat naturel. Leur donner un espace vertical sous forme de branches, d'étagères et de dispositifs d'escalade leur permet de se comporter comme ils le feraient dans la nature. Investissez dans des structures bien construites faites de matériaux sûrs ou dans des arbres grimpants robustes.

- Jeux : Proposer une sélection de jouets favorisant le jeu, la manipulation et la découverte. Des jouets curieux, notamment des jouets distributeurs de friandises ou des mangeoires puzzle, peuvent captiver votre Finger Monkey pendant de longues périodes.

2. *Enrichissement sensoriel* : - *Variété de textures* : Pour piquer leur sens du toucher, introduisez diverses textures dans leur environnement. Donnez-leur une variété de matériaux, de cordes et de textiles à étudier.

- *Goûts et arômes* : L'odorat est très développé chez les singes à doigts. Utilisez des objets, des fruits ou des herbes parfumés non toxiques pour apporter une variété de parfums dans leur environnement de jeu. Pour que les choses restent intéressantes, alternez souvent ces odeurs.

3. Enrichissement social : - Interaction avec les humains : Les Finger Monkeys doivent interagir régulièrement avec les gens. Engagez votre singe dans des jeux, des manipulations tendres et des séances d'entraînement pour passer du temps de qualité ensemble. Participez à des activités de création de liens avec eux, comme les câlins et les soins.

Présentation de singes supplémentaires : Si vous pouvez vous le permettre, pensez à vous procurer un compagnon Finger Monkey. Puisqu'ils sont des créatures sociables, avoir un camarade de jeu peut atténuer leur sentiment de solitude et les aider à répondre à leurs exigences sociales.

4. Enrichissement environnemental : - Création d'un environnement dynamique :

Variez la disposition de leur espace de temps en temps. Vous pouvez maintenir la stimulation cérébrale et favoriser l'exploration de votre Finger Monkey en réorganisant les meubles, les jouets et les cadres d'escalade.

- ***Exploration en plein air :*** Si cela est autorisé et sécuritaire, pensez à passer du temps dehors sous surveillance dans un endroit sécurisé. Votre singe peut bénéficier des images, des sons et des odeurs inédits que l'on trouve dans le monde extérieur.

Mettre en place des activités d'enrichissement

Pour que votre Finger Monkey soit globalement en bonne santé, l'enrichissement doit faire partie de sa routine quotidienne. Les techniques suivantes peuvent être utilisées pour déployer avec succès des activités d'enrichissement :

1. Programme quotidien : Prenez du temps dans votre routine quotidienne pour jouer, découvrir et socialiser avec les autres. Les routines régulières offrent à votre singe de nombreuses opportunités de s'enrichir tout en lui permettant de se sentir en sécurité.

2. Jeux et jouets pivotants : Changez régulièrement les jouets et les activités d'enrichissement pour garder les enfants intéressés. Ce cycle empêche votre Finger Monkey de s'ennuyer et le motive à toujours explorer de nouvelles possibilités.

3. Activités de jeu actif : Jouez à des jeux interactifs, des grimpeurs et d'autres jouets avec votre Finger Monkey pendant votre récréation.

Tout au long de ces séances, encouragez-les à grimper, sauter et explorer.

4. Activités Recherche de nourriture : Naturellement, les singes doigt sont des chasseurs. Encouragez-les à enquêter et à explorer en imitant leur activité en cachant de la nourriture ou des friandises dans leur environnement. Les mangeoires puzzle sont un excellent moyen de stimuler l'esprit et d'encourager les comportements naturels.

Comprendre les signes comportementaux du stress et de l'ennui

Il est essentiel d'identifier l'ennui et la tension chez les Finger Monkeys afin de répondre immédiatement à leurs besoins. Observez les indicateurs comportementaux typiques suivants :

1. Une surabondance de vocalisations Bien qu'une certaine vocalisation soit appropriée, une vocalisation excessive ou perturbée peut signaler que votre Finger Monkey s'ennuie ou est agité.

2. ***Comportement destructeur :*** Cela peut être un signe d'ennui si votre singe commence à mâcher des jouets, des meubles ou d'autres objets inappropriés. Jouer avec des jouets appropriés et rediriger ces actions.

3. ***Retrait :*** Un changement brusque de comportement, comme se cacher ou éviter des situations sociales, peut être un signe que votre Finger Monkey est anxieux ou déprimé.

4. ***Actions répétées :*** Des habitudes stéréotypées ou répétées, notamment le rythme ou l'auto-

entretien, peuvent être des indicateurs de stress ou d'anxiété. Assurez-vous d'offrir suffisamment d'enrichissement pour mettre fin à ces tendances.

Modifier votre mode de vie

Il est crucial de modifier votre mode de vie pour répondre aux demandes de votre Finger Monkey en plus de lui offrir un enrichissement. Voici quelques éléments de réflexion :

1. Cadre domestique : Créez une pièce sécurisée, confortable et divertissante rien que pour votre Finger Monkey. Pensez à vous débarrasser des menaces potentielles, notamment les plantes vénéneuses, les petits objets que les enfants peuvent ingérer et les bords irréguliers.

2. Investissement en temps : La socialisation et l'enrichissement des Finger Monkeys nécessitent un investissement de temps substantiel. Assurez-vous de disposer de plusieurs heures par jour pour interagir et jouer avec votre singe.

3. Concernant les voyages : Pensez à la façon dont votre emploi du temps chargé ou vos voyages fréquents affecteront votre Finger Monkey. Faites appel à un soignant réputé qui peut vous offrir la même attention et les mêmes soins pendant votre absence.

4. Modifications de manipulation : Pour garder votre Finger Monkey intéressé pendant que vous travaillez, proposez à l'avance des activités de stimulation ou d'enrichissement supplémentaires si vous savez que vous serez occupé ce jour-là.

Résultats

Les exigences en matière d'enrichissement et de modifications du mode de vie sont fondamentales pour la propriété éthique de Finger Monkey. En reconnaissant son besoin de stimulation et en établissant un environnement qui répond à ses exigences physiques, émotionnelles et sociales, vous pouvez contribuer à assurer une vie heureuse et saine à votre Finger Monkey. L'enrichissement favorise les bons comportements et le bien-être général en plus de renforcer le lien entre vous et votre animal.

CHAPITRE 9 :

SOINS VÉTÉRINAIRES ET PRÉOCCUPATIONS DE SANTÉ COURANTES

Comprendre les besoins de santé des Finger Monkeys

Les ouistitis pygmées, parfois appelés singes doigts, sont de minuscules primates agiles ayant des exigences médicales uniques. Afin de maintenir la santé de votre animal et de prolonger sa vie, il est impératif que vous, en tant que propriétaire, soyez conscient de ces besoins. En raison de leur biologie distincte et de leurs habitudes innées, les singes doigt sont sensibles à divers problèmes de santé qui nécessitent une attention particulière et des examens vétérinaires réguliers.

Problèmes de santé courants chez Finger Monkey

1. Fatigue : - Raisons : Les Finger Monkeys sont particulièrement vulnérables à l'obésité en raison d'une mauvaise alimentation et de l'inactivité. Ils ne pouvaient pas disposer de suffisamment d'espace pour faire de l'exercice en captivité, ce qui pourrait entraîner une prise de poids excessive.

- Indications : La léthargie, les difficultés à bouger et une prise de poids visible sont des indicateurs d'obésité. Un Finger Monkey en surpoids pourrait être moins grégaire et montrer

moins d'enthousiasme dans les situations sociales.

Évitement et gestion : Offrez une alimentation équilibrée et de nombreuses possibilités d'exercice physique pour éviter l'obésité. Si votre singe doigt est déjà en surpoids, travaillez avec un vétérinaire pour développer un programme de réduction de poids intégrant davantage d'activités et d'ajustements alimentaires.

2. *Problèmes dentaires : - Raisons :* Les problèmes dentaires, notamment les maladies des gencives et la carie dentaire, peuvent affecter les singes à doigts. Ces problèmes peuvent provenir d'une alimentation insuffisamment riche en nutriments et d'un manque de possibilités de mastication naturelle.

- Symptômes: Les problèmes dentaires peuvent se manifester par des difficultés à manger, une mauvaise haleine, une bave excessive et des dents présentant une accumulation notable de tartre.

Évitement et gestion : La santé dentaire peut être préservée en donnant régulièrement des jouets à mâcher appropriés et en adoptant une alimentation riche en fibres naturelles. Les inspections dentaires doivent faire partie des contrôles vétérinaires de routine et, si nécessaire, votre vétérinaire peut suggérer des nettoyages experts.

3. Troubles infectieux : - Causes : Les maladies virales, bactériennes et parasitaires font partie des troubles infectieux qui peuvent affecter les singes doigt. Les maladies peuvent leur être transmises par d'autres animaux ou par des milieux pollués.

- **_Indications_** : Les infections peuvent provoquer un large éventail de symptômes, tels qu'un comportement étrange, des vomissements, de la diarrhée et de la fatigue.

Évitement et gestion : Les infections peuvent être évitées en gardant votre maison propre, en vaccinant votre animal selon les directives de votre vétérinaire et en effectuant des contrôles fréquents. Veuillez consulter immédiatement un vétérinaire si vous observez des symptômes étranges.

4. *Problèmes de peau* : - *Causes* : Un certain nombre de facteurs, tels que les parasites, les allergies et une propreté inadéquate, peuvent entraîner des problèmes de peau chez les singes à doigt.

- Symptômes: Les démangeaisons, les rougeurs, la chute des cheveux et les parasites visibles sont quelques-uns des signes avant-coureurs de problèmes de peau.

Évitement et gestion : Un brossage régulier maintient la fourrure propre et réduit le risque de parasites, ce qui peut aider à éviter les problèmes de peau. Un vétérinaire peut identifier la cause sous-jacente des problèmes de peau et proposer des remèdes appropriés s'ils surviennent.

5. Troubles digestifs : - Instances de causes : Les modifications alimentaires, le stress ou les infections peuvent tous entraîner des problèmes gastro-intestinaux chez les singes doigt.

- Indications : Des changements d'appétit, des ballonnements, des vomissements et de la diarrhée sont des symptômes possibles.

- ***Traitement et prévention :*** Pour préserver le bien-être intestinal, privilégiez une alimentation équilibrée et évitez les modifications alimentaires brutales. Pour le diagnostic et le traitement, demandez l'aide d'un vétérinaire en cas de problèmes gastro-intestinaux.

Traitement vétérinaire normal

Il est essentiel de passer des examens vétérinaires réguliers pour garder votre Finger Monkey en bonne santé. Un traitement approprié et des mesures préventives peuvent être administrés par un vétérinaire agréé possédant une expertise dans le domaine des animaux exotiques. Ce qu'il faut attendre des contrôles vétérinaires réguliers est le suivant :

1. Examens de bien-être : - Des tests de bien-être annuels ou semestriels aident à garder un œil sur la santé générale de votre Finger Monkey. Un examen physique, une mesure du poids et une discussion sur le comportement et la nutrition sont généralement inclus dans ces examens.

2. vaccinations : Votre vétérinaire peut vous conseiller des vaccinations générales et un traitement préventif pour les maladies susceptibles d'affecter les primates, même s'il n'existe aucun vaccin spécifiquement conçu pour les singes doigt. Discutez des vaccinations recommandées avec votre vétérinaire.

3. Tests fécaux : - Des examens fécaux peuvent être utilisés pour détecter des problèmes gastro-intestinaux ou d'éventuels parasites. Des analyses fécales fréquentes sont nécessaires pour identifier précocement les infections parasitaires et les traiter.

4. *Soins dentaires* : - Votre vétérinaire vérifiera les dents et les gencives de votre Finger Monkey lors des contrôles de bien-être. Ils pourraient vous conseiller sur la façon de garder des dents saines à la maison ou suggérer des nettoyages dentaires.

5. *Conseils nutritionnels* : - Des conseils pour nourrir votre Finger Monkey avec un aliment sain qui répond à ses besoins peuvent être obtenus auprès de votre vétérinaire. Afin d'éviter l'obésité et d'autres problèmes de santé, une bonne alimentation est essentielle.

Certains soins

Pour les propriétaires de Finger Monkeys, la préparation aux situations d'urgence est tout aussi importante qu'un traitement vétérinaire régulier. Voici comment faire face à d'éventuelles urgences médicales :

1. Identifier les urgences : Gardez un œil sur les symptômes qui pourraient indiquer une urgence, tels que des problèmes respiratoires, des convulsions, des blessures graves ou des changements brusques de comportement. Demandez immédiatement l'aide d'un vétérinaire si vous remarquez des signes inquiétants.

2. Trouver un vétérinaire pour animaux exotiques : - Trouvez un vétérinaire expérimenté dans les soins aux animaux exotiques avant une urgence médicale. Avoir un vétérinaire fiable à portée de main garantit que vous pourrez recevoir un traitement dès que vous en aurez besoin.

3. Préparation aux premiers secours : - Familiarisez-vous avec les principes fondamentaux des premiers secours pour les singes. Préparez une trousse de premiers soins comprenant des bandages, des antiseptiques et tous les médicaments sur ordonnance que votre vétérinaire pourrait vous suggérer.

Résultats

Les soins de santé sont un élément crucial de la bonne propriété de Finger Monkey. Vous pouvez contribuer à assurer la santé et le bonheur à long terme de votre Finger Monkey en étant conscient des problèmes de santé courants, en lui prodiguant des soins vétérinaires réguliers et en vous préparant aux catastrophes. Une alimentation saine, des contrôles réguliers et un environnement sécurisé contribuent au bien-être général de votre Finger Monkey et prolongent le temps que vous passez avec lui.

CHAPITRE 10 :

PRÉPAREZ-VOUS ET RETOURNEZ VOTRE SINGE À DOIGTS À LA MAISON

Le choix de ramener un Finger Monkey à la maison

Choisir d'accueillir un Finger Monkey dans votre maison est un choix passionnant et fructueux. Mais cela nécessite une planification et une réflexion approfondies. Ces petits primates sont des animaux brillants et grégaires qui ont besoin d'un environnement stimulant. Il est crucial de déterminer si vous êtes prêt à assumer les obligations liées à la possession d'un véhicule avant d'en ramener un à la maison et de comprendre les procédures nécessaires à la mise en place d'un environnement de vie approprié.

Évaluer votre état de préparation

1. Engagement de temps : **-** Les singes doigts ont besoin de beaucoup de temps et de soins. Examinez votre style de vie et votre routine quotidienne pour vous assurer que vous avez le temps de passer de nombreuses heures par jour avec votre animal et de subvenir à ses besoins. Tenez compte de vos responsabilités sociales, familiales et professionnelles pour voir si vous pouvez régulièrement prodiguer l'attention requise.

2. Atteinte de la préparation financière - La possession d'un Finger Monkey peut coûter cher. Pensez aux coûts récurrents comme la nourriture, les soins vétérinaires, les fournitures et les jouets d'enrichissement en plus du prix d'achat initial. Établissez un budget qui tient compte des dépenses anticipées et imprévues pour vous assurer que vous disposez de suffisamment d'argent pour prendre bien soin de votre singe doigt.

3. Cadre de vie : - Évaluez la zone dans laquelle vous habitez. Les singes doigts veulent un habitat à la fois sûr et passionnant, avec beaucoup d'espace vertical pour grimper et explorer. Assurez-vous qu'il n'y a aucun danger dans votre maison et qu'il y a suffisamment d'espace pour un bon environnement.

Cordialement pour les familles: - Parlez aux personnes de votre maison ou de votre famille du choix d'avoir un Finger Monkey. Assurez-vous que tout le monde est conscient des exigences du nouvel animal et participe aux tâches associées. Résolvez tous les problèmes et établissez des règles de base pour communiquer avec le singe.

Sélection du Finger Monkey approprié

La sélection du Finger Monkey approprié est essentielle une fois que vous êtes prêt à continuer. Les conseils suivants vous aideront à choisir un animal en bonne santé et bien élevé :

1. Trouvez un éleveur digne de confiance : - Trouvez des éleveurs respectables de Finger Monkey en faisant quelques recherches.

Recherchez des éleveurs qui suivent des procédures d'élevage morales et accordent une grande priorité à la santé et au bien-être de leurs animaux. Le pedigree, les antécédents médicaux et les tentatives de socialisation du singe doivent tous être divulgués par un éleveur consciencieux.

2. *Allez rendre visite à l'éleveur* : - Si cela est possible, rendez-vous chez l'éleveur pour voir les environs dans lesquels les primates sont élevés. Recherchez des animaux bien entretenus et des habitats propres et spacieux. Observez les interactions entre les singes et leur environnement.

3. *Bilan de santé* : - Assurez-vous qu'un singe doigt a été évalué par un vétérinaire et qu'il est en bonne santé avant de le ramener à la maison.

Obtenez des dossiers attestant de la santé de l'animal et des vaccinations qui pourraient être nécessaires.

4. Évaluation comportementale : *-* Parlez à d'éventuels Finger Monkeys pendant un moment avant de prendre une décision. Prenez note de leur comportement et de leur disposition. Recherchez des singes curieux, énergiques et grégaires ; ces caractéristiques indiquent un animal heureux et en bonne santé.

Préparer votre maison

Une fois que vous avez choisi un Finger Monkey, il est temps de préparer votre maison pour son arrivée. Un environnement ordonné et sécurisé est essentiel pour une transition fluide.

1. Établir un habitat convenable : Créez un grand enclos avec de nombreuses cachettes, zones d'escalade et matériaux d'enrichissement. Pour favoriser le jeu et l'exploration, l'habitat doit inclure des étagères, des branches et des jouets. Pour éviter toute fuite, assurez-vous que l'enceinte est sécurisée.

2. Préparation diététique : - Assurez-vous d'avoir une alimentation complète et adaptée aux singes doigts. Recherchez des aliments sains, tels que des fruits, des légumes et des sources de protéines. Pour obtenir des conseils sur les besoins nutritionnels et les marques ou produits recommandés, parlez-en à votre vétérinaire.

3. Considérations de sécurité : Assurez-vous que votre maison est à l'abri des singes. Éliminez tous les risques possibles, y compris les câbles électriques, les objets minuscules et ingérables et les plantes dangereuses. Couvrez tous les bords ou coins tranchants qui pourraient être blessés et sécurisez les fenêtres et les portes pour empêcher les fuites.

4. Fournitures et équipements : - Rassemblez les fournitures nécessaires, notamment la literie, les jouets, les bols de nourriture et d'eau et le matériel de toilettage. Avoir ces choses préparées avant de ramener votre Finger Monkey à la maison peut faciliter un ajustement en douceur.

Porter

Votre maison de singe doigt

Lorsque vient le temps de ramener votre Finger Monkey à la maison, effectuez le réglage avec prudence et réflexion :

1. Expédition de votre girafe : - Pour un transport sûr et agréable de votre Finger Monkey, utilisez un transporteur. Le singe doit avoir suffisamment d'espace pour se déplacer dans le transporteur, mais il doit également être suffisamment sécurisé pour l'empêcher de s'échapper pendant le transport. Pour réduire les tensions, maintenez une atmosphère tranquille lorsque vous voyagez.

2. Accueillir le singe dans sa nouvelle résidence : De retour à la maison, mettez votre Finger Monkey dans sa cage et laissez-lui le temps de s'habituer à son nouvel environnement. Ne le surchargez pas avec trop d'engagement au début. Gardez un œil sur son comportement et offrez-lui un espace calme et sécurisé à explorer.

3. *Socialisation progressive* : - Une fois que votre Finger Monkey a eu le temps de s'acclimater, commencez à lui introduire la socialisation petit à petit. Effectuez des mouvements doux et des vocalisations apaisantes tout en passant du temps avec votre singe. Les friandises peuvent aider les gens à associer votre présence à de bonnes choses.

4. *Création d'un horaire* : - Créez un horaire régulier pour se nourrir, jouer et socialiser. Les Finger Monkeys ressentent un sentiment de confort grâce à la routine, ce qui les fait s'épanouir. Être cohérent facilite l'adaptation de leur environnement et favorise une relation avec vous.

Résultats

Se préparer et ramener à la maison un Finger Monkey est une grosse affaire qui nécessite une réflexion et une préparation minutieuses. Vous pouvez créer une atmosphère stimulante qui permet à votre nouvel animal de s'épanouir en évaluant votre état de préparation, en choisissant un singe en bonne santé, en aménageant votre maison et en acclimatant le singe progressivement. Vous pouvez avoir une connexion heureuse et durable avec votre Finger Monkey si vous faites des efforts et montrez de l'affection pour lui.

CHAPITRE 11 :

MAÎTRISER LA TECHNIQUE DU SINGE À DOIGTS

Comprendre l'importance de l'éducation

Être capable de dresser un singe doigt est un must pour posséder un animal de compagnie. L'entraînement peut bénéficier à la fois au propriétaire et au singe, car ces animaux perspicaces et intelligents peuvent capter de nouvelles actions et de nouveaux ordres. En plus de renforcer votre relation avec votre singe doigt, l'entraînement favorise une conduite appropriée, la sociabilité et la stimulation cérébrale.

Idées fondamentales en formation

1. Commentaires avantageux : - Le renforcement positif est essentiel à une formation qui fonctionne. Cette stratégie consiste à récompenser votre Finger Monkey pour avoir montré des actions souhaitables. Des friandises, des compliments verbaux ou des moments de jeu peuvent tous être utilisés comme récompenses. Votre singe répétera des actions qui entraîneront des conséquences favorables s'il reçoit un renforcement positif.

2. Cohérence : - La formation nécessite de la cohérence. Chaque fois que vous parlez avec votre Finger Monkey, utilisez les mêmes ordres et gestes. Cette constance minimise la confusion et renforce l'apprentissage. Il est également important d'enseigner au singe les mêmes ordres dans toute la famille pour garantir la cohérence.

3. *Patience* : - La compréhension et la patience sont nécessaires à la formation. Les Finger Monkeys peuvent ne pas comprendre les instructions tout de suite, il est donc crucial de garder votre sang-froid. Si votre singe n'adopte pas immédiatement de nouveaux comportements, reculez et laissez-lui le temps d'assimiler les connaissances. Célébrez les succès mineurs et soyez encourageant.

4. brèves séances d'instruction Étant donné leur courte capacité d'attention, les séances d'entraînement doivent être rapides mais fréquentes lorsque l'on travaille avec des singes

à doigts. Une habitude à la fois devrait faire l'objet de séances qui devraient durer entre cinq et dix minutes. Une longue séance peut souvent être moins bénéfique que plusieurs séances plus courtes réparties tout au long de la journée.

Commandes et astuces de base

1. Venez : - Il est important pour votre sécurité d'apprendre à votre Finger Monkey à venir lorsqu'il est appelé. Pour commencer, donnez un ordre clair, tel que « Viens ! et utilisez une récompense pour inciter votre singe à s'approcher de vous. Quand cela arrive, donnez-lui quelque chose. Augmentez progressivement la distance entre vous et votre singe à mesure qu'il devient plus attentif à l'ordre.

2. Rester : - La commande « rester » est utile dans un certain nombre de scénarios, surtout si vous souhaitez que votre Finger Monkey reste immobile. Demander à votre singe de s'asseoir est la première étape. Ensuite, donnez-lui l'ordre « Reste ! » tout en indiquant avec la main. Récompensez votre singe avec des éloges ou une friandise s'il reste là où il est pendant que vous reculez. Augmentez progressivement le temps et la distance avant de récompenser.

3. Asseyez-vous : - Apprendre à s'asseoir est une instruction fondamentale qui jette les bases de l'apprentissage d'actions plus complexes de la part de votre singe doigt. Lorsque vous dites « Asseyez-vous », utilisez un cadeau pour aider votre singe à relever la tête. Son fond descendra naturellement lorsqu'il regarde vers le haut. Dès qu'il est assis, offrez-lui une friandise. Continuez jusqu'à ce que votre singe apprenne à lier l'instruction au comportement.

4. High Five : - Apprendre à donner un high five à votre Finger Monkey est une technique amusante qui favorise la connexion. D'une main, tenez une récompense et tapotez doucement la patte de votre singe de l'autre. Récompensez-le lorsqu'il lève la patte. Ajoutez l'instruction « High five ! » progressivement à mesure qu'il commence à comprendre le mouvement.

5. Retournez : - Cette compétence est un peu plus difficile, mais elle s'apprend avec le temps. Lorsque votre singe se couche pour la première fois, utilisez une récompense pour l'aider à se retourner lentement. Pour le diriger, utilisez la commande "Roll over". Lorsqu'il accomplit la tâche avec succès, donnez-lui une récompense.

Votre Finger Monkey deviendra compétent pour faire le tour à la demande avec un peu de pratique.

Prendre soin des problèmes de comportement

Résoudre les problèmes de comportement potentiels avec votre Finger Monkey nécessite également une formation. Il est essentiel de comprendre les raisons sous-jacentes de ces comportements afin de créer des plans de formation qui fonctionnent.

1. Mordre : - On sait que les singes à doigts mordent, en particulier dans les situations où ils sont effrayés ou trop stimulés. Réagissez froidement en détournant l'attention et sans punir votre singe s'il mord. Vous pouvez également vous engager avec lui ou lui donner des jouets à mâcher adaptés pour détourner l'activité. Donnez régulièrement un renforcement positif pour une conduite compatissante.

2. *Une surabondance de vocalisation* : Bien que les singes doigts soient naturellement bavards, trop de bruit peut être ennuyeux. Découvrez si votre singe est bruyant parce qu'il a faim, qu'il s'ennuie ou qu'il essaie d'attirer l'attention. Pour aider à réduire les vocalisations excessives, fournissez des jouets, des liens sociaux et des activités d'enrichissement. Utilisez le renforcement positif pour féliciter une conduite calme.

3. *Comportement destructeur* : - Lorsque les Finger Monkeys s'ennuient ou sont inquiets, ils peuvent agir de manière destructrice. Proposez une tonne de jeux et d'activités engageants pour arrêter cela. Redirigez l'attention de votre singe vers un jouet approprié s'il endommage quelque chose. Récompensez-le systématiquement lorsqu'il interagit avec des objets appropriés.

4. Interaction avec différents animaux : - Une socialisation appropriée est cruciale si vous avez d'autres animaux de compagnie. Exposez progressivement votre Finger Monkey à d'autres créatures, en vous assurant que toute rencontre est sous surveillance. Récompensez votre sang-froid lorsque vous interagissez avec d'autres animaux en utilisant le renforcement positif. En cas de conflits, démontez les animaux et remettez-les progressivement une fois qu'ils se sentent plus à l'aise.

Communication et unité

L'entraînement est important pour la socialisation de votre Finger Monkey ainsi que pour lui apprendre des ordres et des astuces. Grâce à la socialisation, la peur et l'anxiété de votre singe diminuent à mesure qu'il apprend à faire face à diverses situations, personnes et animaux.

1. Présentation de nouvelles personnes : - Présentez votre Finger Monkey à de nouvelles connaissances progressivement et sous supervision. Au fur et à mesure que cela devient plus confortable, réduisez progressivement la distance afin que votre singe puisse observer les visiteurs à une distance sûre. Favorisez les interactions calmes et donnez des friandises à votre singe pour son bon comportement.

2. Manipulation : *-* Vous et votre Finger Monkey devez vous manipuler régulièrement afin de développer la confiance. Prenez le temps de serrer et de toucher votre singe, en vous assurant qu'il se sent à l'aise. Évitez les mouvements brusques ou les sons forts qui pourraient l'effrayer. Des expériences de manipulation positives facilitent le niveau de confort accru de votre singe avec le contact humain.

3. Activités d'enrichissement : *-* Emmenez votre Finger Monkey dans une variété d'activités d'enrichissement pour favoriser la stimulation cérébrale et un sentiment de communauté plus fort. Proposez des jeux attrayants, des jeux de recherche de nourriture et des puzzles. Ces activités améliorent votre relation et offrent à votre singe intelligent et naturellement curieux un moyen de s'exprimer.

Résultats

Le processus de formation d'un singe doigt est continu et nécessite engagement, tolérance et compréhension. Favoriser un animal de compagnie bien élevé et socialisé est possible grâce au renforcement positif, à la cohérence et à l'attention portée aux problèmes comportementaux. L'entraînement renforce non seulement votre relation avec votre singe doigt, mais améliore également sa vie, permettant une coexistence heureuse et paisible.

CHAPITRE 12 :

LES PLAISIRS ET LES DIFFICULTÉS DE PROPRIÉTER UN SINGE À DOIGTS

S'ennuyer dans les plaisirs de la propriété

Pour ceux qui aiment les animaux, avoir un singe à doigts pourrait être l'une des expériences les plus enrichissantes. Ces petits primates ont un certain attrait qui fascine leurs propriétaires et remplit leur vie de grand bonheur. Les singes doigts offrent une compagnie qui rend la vie meilleure, de leur bonne disposition à leurs comportements espiègles.

1. Partenariat : - Les Finger Monkeys sont réputés pour leurs manières grégaires et affectueuses. Ils développent souvent des relations étroites avec leurs propriétaires et prospèrent grâce à leur engagement. Ils offrent une source continue de plaisir et de connexion, et leur présence peut contribuer à atténuer les sentiments de solitude et d'isolement.

2. Curiosité et intelligence : Les singes doigts sont des créatures très intelligentes qui permettent des rencontres agréables en raison de leur curiosité. Ils prennent plaisir à jouer, à résoudre des problèmes et à explorer l'environnement. Les activités de formation et d'enrichissement sont gratifiantes et agréables en raison de leur intelligence.

3. *Ludique* : - La personnalité vivante des Finger Monkeys fait rire et sourire les gens chez eux. Leurs pitreries – jouer avec des jouets, se balancer dans les arbres et se poursuivre – créent un environnement amusant. Les propriétaires sont souvent fascinés par leur nature vive, qui peut rendre plus joyeux même les pires jours.

4. *Caractéristiques singulières* : - Parce que chaque Finger Monkey est unique, en posséder un est une expérience unique. Si certains choisiraient d'observer tranquillement, d'autres pourraient se montrer plus audacieux. La relation entre le propriétaire et le singe se renforce lorsque les deux parties reconnaissent et apprécient ces caractéristiques uniques.

5. Améliorer la vie quotidienne : - Prendre soin d'un Finger Monkey offre un sentiment de but et de joie dans la vie quotidienne. Les propriétaires remarquent souvent une augmentation de leur niveau d'activité lorsqu'ils jouent et explorent avec leurs singes. La qualité de vie est globalement améliorée et une connexion plus profonde est favorisée par cette expérience partagée.

Comprendre les difficultés de la propriété

Même si posséder un Finger Monkey présente de nombreux avantages, il est également important d'en reconnaître les inconvénients. Il est de la responsabilité du propriétaire d'identifier et de résoudre ces problèmes afin de fournir un environnement heureux au singe et au propriétaire.

1. Engagement de temps : *-* Les singes doigts ont besoin de beaucoup de temps et de soins. Ils ont besoin d'une connexion régulière car ils prospèrent grâce à la stimulation cérébrale et sociale. Des vies bien remplies peuvent constituer des obstacles à la fourniture de l'attention appropriée, entraînant des sentiments d'isolement ou d'ennui chez le singe.

2. Besoins alimentaires : *-* Il peut être difficile de répondre aux besoins alimentaires des singes doigt. Fournir un repas équilibré implique de connaître leurs besoins nutritionnels, notamment les fruits, légumes et sources de protéines appropriés. Il est essentiel de leur fournir une éducation continue sur leurs besoins alimentaires, car négliger de répondre à ces exigences pourrait entraîner des problèmes de santé.

3. Préoccupations professionnelles : - Les Finger Monkeys peuvent avoir des problèmes de comportement comme des morsures, des vocalisations excessives ou un comportement destructeur, comme tout autre animal de compagnie. Pour résoudre ces problèmes, il faut de la persévérance, des conseils et une administration ferme. Les propriétaires doivent être prêts à consacrer du temps à la socialisation et à la formation comportementale.

4. Besoins de socialisation : - Étant des animaux grégaires, les singes doigts aiment interagir avec d'autres singes ainsi qu'avec leurs propriétaires. Un Finger Monkey peut ressentir du stress et de la solitude s'il est laissé seul. Les propriétaires doivent examiner s'ils peuvent offrir le cadre social essentiel au bien-être de leur singe.

5. *Assistance médicale* : - Il peut être difficile de trouver un vétérinaire expert en animaux exotiques. Des examens vétérinaires réguliers sont nécessaires pour garder votre

L'état du Finger Monkey. Les propriétaires doivent s'assurer qu'ils ont accès à des soins vétérinaires de qualité et être prêts à faire face à de futures dépenses médicales.

6. *Considérations juridiques* : - Il est important de vous familiariser avec les règles et réglementations locales en matière de propriété des primates avant d'introduire un Finger Monkey dans votre maison. La possession d'animaux exotiques est limitée dans certains endroits ou nécessite une autorisation. Pour garantir une propriété responsable, il est important de comprendre ces facteurs juridiques.

Établir un environnement utile

Pour profiter des plaisirs de posséder un Finger Monkey tout en surmontant les obstacles, il est nécessaire d'établir une atmosphère de soutien. Cela implique de donner à votre singe suffisamment d'espace pour vivre, de le stimuler mentalement et de le socialiser.

1. *socialiser* : - Encouragez la socialisation en passant régulièrement du temps avec votre Finger Monkey et en l'exposant à de nouvelles choses. Leur vie sociale peut être améliorée en leur offrant des chances de rencontres contrôlées avec d'autres animaux ou même avec d'autres Finger Monkeys.

2. *Activités d'enrichissement :* - Incluez de nombreuses activités d'enrichissement dans le régime quotidien de votre Finger Monkey. Leur cerveau est stimulé et l'ennui est évité grâce à des jeux interactifs, des activités de recherche de nourriture et des puzzles. Cette interaction améliore leur qualité de vie et renforce votre relation.

3. *Espace dédié :* - Assurez-vous que votre maison dispose d'emplacements alloués pour que votre Finger Monkey puisse explorer en toute sécurité. Offrez des jouets, des perchoirs et des cadres d'escalade pour encourager les activités naturelles. Le bien-être physique et mental est amélioré dans un cadre sûr et engageant.

4. Routine : **-** Votre Finger Monkey se sentira plus en sécurité si vous avez un horaire pour se nourrir, jouer et s'entraîner. Leur bien-être dépend d'un sentiment de stabilité et de prévisibilité, favorisé par la cohérence des activités quotidiennes.

Résultats

L'expérience de posséder un Finger Monkey n'est pas sans plaisirs et sans difficultés. La compagnie, les pitreries et les traits de caractère distinctifs de ces petits singes procurent à leurs gardiens un bonheur sans fin. Mais une appropriation appropriée implique un engagement à répondre à leurs exigences et à être conscient de tous les obstacles.

Vous pouvez rendre la propriété enrichissante et gratifiante pour vous et votre Finger Monkey en réalisant les avantages et en étant prêt à affronter les obstacles. Le lien qui se forme entre vous et votre animal de compagnie peut aboutir à un partenariat épanouissant tout au long de la vie, fait de persévérance, d'amour et d'engagement.

Ces chapitres fournissent un examen approfondi de la formation des Finger Monkeys et de l'ensemble de l'expérience de possession, mettant en évidence à la fois les avantages et les inconvénients. N'hésitez pas à nous demander si vous avez des questions ou s'il y a des détails dont vous souhaiteriez discuter davantage.

CHAPITRE 13 :

QUESTIONS ET RÉPONSES FRÉQUEMMENT POSÉES (FAQ)

Questions courantes concernant les singes à doigts de compagnie

Lorsque vous commencez votre aventure de propriétaire de Finger Monkey, vous avez probablement beaucoup de préoccupations concernant leur entretien, leur disposition et leur expérience générale avec les animaux de compagnie. Ce chapitre répond aux questions fréquemment posées par les propriétaires actuels et potentiels de singes à doigt, offrant des éclaircissements et un aperçu des qualités particulières de ces animaux étonnants.

1. Qu'est-ce qu'un Finger Monkey et pourquoi sont-ils populaires comme animaux de compagnie ?

L'un des plus petits primates du monde, le singe doigt, parfois appelé ouistiti pygmée, mesure environ 5 à 6 pouces de long (sans compter sa queue) et pèse entre 3,5 et 5,5 onces. Ils sont très appréciés des amateurs d'animaux de compagnie en raison de leur petite taille, de leur caractère vif et de leur personnalité attachante. De plus, les singes doigts sont des animaux grégaires qui développent souvent des relations étroites avec leurs humains. Cependant, avant d'en accueillir un chez vous, vous devez comprendre ses exigences uniques en matière de soins ainsi que ses exigences en matière de socialisation.

2. *Quelle nourriture les singes doigts consomment-ils ?*

Le régime alimentaire varié des singes doigt se compose de fruits, de légumes, d'insectes et de granulés spécialement conçus pour les primates. Ils ont besoin d'une alimentation équilibrée, riche en fibres, en vitamines et en protéines. Les fruits courants qu'ils apprécient comprennent les bananes, les mangues et les baies, tandis que les légumes peuvent inclure les carottes et les légumes-feuilles. Leur offrir une alimentation diversifiée garantit qu'ils reçoivent les nutriments dont ils ont besoin pour être en aussi bonne santé que possible. Il est impératif d'éviter de donner aux enfants des avocats, du chocolat ou des repas transformés car cela pourrait nuire à leur santé.

3. Quelle est la quantité d'espace requise pour les Finger Monkeys ?

Malgré leur petite taille, les singes doigts ont besoin de beaucoup d'espace pour se déplacer et explorer. Ils ont besoin d'une grande cage avec des jouets, des cadres d'escalade et des perchoirs pour les maintenir mentalement et physiquement stimulés. La cage devrait idéalement avoir plusieurs niveaux d'escalade et mesurer au moins six pieds de haut. Pour satisfaire davantage leur demande de jeu et d'exploration, le temps supervisé passé à l'extérieur de la cage dans un cadre sécurisé est bénéfique.

4. Les gens peuvent-ils légalement garder des singes comme animaux de compagnie ?

La légalité d'avoir des Finger Monkeys varie selon la région. Certains États et localités ont des lois qui restreignent ou interdisent spécifiquement la détention d'animaux exotiques, tels que les primates. Avant d'obtenir un Finger Monkey, il est essentiel d'étudier les règles et réglementations locales relatives à la possession d'animaux de compagnie inhabituels. Pour éviter de futurs problèmes juridiques, il est crucial d'obtenir les autorisations requises et de s'assurer que tous les critères juridiques sont remplis.

5. Les Finger Monkeys ont-ils besoin de compagnie et sont-ils des animaux sociables ?

Les Finger Monkeys sont des créatures très sociables qui prospèrent grâce à la connexion avec leurs propriétaires et les autres singes. Dans la nature, ils vivent en petits groupes familiaux, l'interaction est donc cruciale pour leur bien-être. S'ils sont laissés seuls, ils peuvent ressentir du stress, de la solitude ou des problèmes de comportement. Afin de donner suffisamment de compagnie à votre animal, vous devez soit vous procurer deux Finger Monkeys, soit vous assurer de passer beaucoup de temps avec eux chaque jour.

6. Comment mon Finger Monkey doit-il être entraîné ?

Des méthodes de renforcement positif sont utilisées lors de la formation d'un singe doigt pour promouvoir les actions souhaitées.

Commencez par des ordres simples comme « viens », « assis » et « reste » et utilisez des éloges et des friandises comme incitations. Étant donné que les Finger Monkeys ont une capacité d'attention courte, les séances d'entraînement doivent être brèves et ne durer que cinq à dix minutes. La réussite de la formation nécessite de la patience, de la cohérence et une pratique fréquente. De plus, les activités de socialisation et d'enrichissement de votre singe améliorent les résultats d'apprentissage.

7. Quels problèmes de comportement typiques les singes doigts posent-ils ?

Les Finger Monkeys peuvent présenter une série de problèmes de comportement, notamment des vocalisations excessives, des morsures et une activité destructrice. Ils peuvent mordre par peur ou par surstimulation, et ils peuvent vocaliser excessivement par ennui ou par besoin d'attention. Utilisez des jouets adaptés pour détourner les comportements indésirables et des activités d'enrichissement pour stimuler l'esprit afin de résoudre ces soucis. Un traitement efficace des troubles du comportement nécessite une compréhension de leurs causes sous-jacentes.

8. À quelle fréquence dois-je voir le vétérinaire avec mon doigt de singe ?

Il est essentiel de passer des examens vétérinaires réguliers pour garder votre singe en bonne santé. Un bilan de santé et des vaccins devraient idéalement être programmés au moins une fois par an chez le vétérinaire. Il est crucial de faire appel à un vétérinaire expérimenté dans le soin des animaux exotiques, car il comprendra les exigences médicales particulières des singes doigt. De plus, vous devriez consulter immédiatement votre vétérinaire si vous constatez des symptômes de maladie ou un comportement étrange.

9. Est-il possible d'enseigner aux singes à doigts ?

Les singes doigts peuvent être entraînés à la litière, mais cela prend du temps et des efforts. Commencez par installer un bac à litière dans une partie de sa cage facilement accessible. Utilisez un substrat sûr pour eux, comme des copeaux de tremble ou du papier déchiré. Donnez à votre Finger Monkey des éloges ou des friandises chaque fois qu'il utilise le bac à litière. Il est essentiel de se rappeler que tous les

Finger Monkey ne bénéficieront pas d'un entraînement à la litière et que certains peuvent encore avoir des accidents en dehors des sentiers battus.

10. Quelle est la durée de vie des singes à doigt de compagnie ?

La durée de vie des singes doigt en captivité varie de 12 à 20 ans, selon la nutrition, l'état de santé général et les soins. La longévité peut être améliorée par des traitements vétérinaires fréquents, une alimentation bien équilibrée et un habitat attrayant. En tant que propriétaire potentiel, il est crucial de s'engager dans les soins à long terme de votre Finger Monkey et d'être préparé aux tâches liées à un animal qui peut vivre de nombreuses années.

11. Les familles avec enfants trouvent-elles que les singes doigts sont des animaux de compagnie appropriés ?

Les familles peuvent trouver que les singes doigts sont de bons animaux de compagnie, mais il y a certaines choses à prendre en compte. En raison de leur petite taille et de leur nature délicate, ils sont susceptibles d'être endommagés par une manipulation brutale. Il est important de surveiller les interactions avec les petits enfants et de leur apprendre les gestes doux si vous en avez. Les familles doivent s'efforcer de donner à leurs singes doigt le temps et les soins dont ils ont besoin pour s'épanouir, ainsi que la socialisation et les soins dont ils ont besoin.

12. Quels symptômes indiquent qu'un Finger Monkey est en bonne santé ?

Un singe doigt en bonne santé présentera une gamme d'attributs comportementaux et physiques louables. Un pelage brillant, un comportement actif et des yeux pétillants sont des indicateurs d'une excellente santé. Ils doivent être vifs, curieux et enjoués. De plus, des selles régulières et des habitudes alimentaires et buvantes sont des signes de bonne santé. Consultez immédiatement un vétérinaire pour traiter tout changement de comportement, d'appétit ou d'apparence physique qui pourrait indiquer un problème de santé.

Ces questions fréquemment posées donnent un aperçu détaillé de la possession d'un Finger Monkey, abordant les soucis typiques et fournissant des informations pertinentes aux propriétaires actuels et potentiels. En connaissant les besoins et les habitudes de ces animaux uniques, vous pouvez créer une connexion significative et gratifiante avec votre Finger Monkey. N'hésitez pas à nous demander si vous avez d'autres questions ou si vous souhaitez discuter d'un sujet particulier !

www.ingramcontent.com/pod-product-compliance
Lightning Source LLC
Chambersburg PA
CBHW050257230526
45471CB00005B/1923